Clarity®
Verlag

Die Insel der Delfine

ClarityVerlag, Sylt
Text: Fabian Ritter
Fotos: Fabian Ritter (außer S. 94: Laura Nieto,
S.98 kleines Bild: Sabine Beck-Maihoff und S. 100: Hansjörg Hörseljau)
Fotomontagen auf dem Titel und S. 85: Susanne Hagemeister)

1. Auflage 2018
ISBN 978-3-947274-06-2

Vertrieb: info@clarityproject.de / www.clarityverlag.de
Gestaltung & Satz: Susanne Hagemeister / www.blaukontor.de
Druck: CPI Clausen & Bosse, Leck
CO_2-neutral gedruckt in Nordfriesland / Germany
auf FSC-Umwelt-Papier und mit **mineralölfreien** Druckfarben.

Vorwort

Als Biologe betrachte ich das Meer als Lebensraum aller marinen Tier- und Pflanzenarten. Dennoch faszinieren mich Wale und Delfine ganz besonders. Warum ist das so? Weshalb gibt es einen weltweiten Whale Watching-Boom, aber nur selten Seevogel- oder Fisch-Watching-Touren?

Die Faszination dieser Meeressäuger geht wohl vor allem von der Magie des Augenblicks aus, in die uns diese hochentwickelten Tiere bei einer Begegnung auf dem Meer hinein katapultieren.

Bei den Whale Watching-Touren, die ich begleitete, konnte ich es immer wieder an Mitreisenden beobachten: In dem Moment, wenn sich eine Finne zeigt, Delfine in die Bugwelle des Schiffes flitzen oder einen akrobatischen Sprung vollführen, bleibt die Zeit stehen. Sogar diejenigen, die vorher geschwätzig, gelangweilt oder mit einem mulmigen Gefühl im Magen an der Reling hingen, werden plötzlich hellwach und aufmerksam.

Die Eleganz, Ästhetik und Lebendigkeit, mit der sich Delfine zeigen, die Größe, Ruhe und Gelassenheit der Wale, erfasst augenblicklich unsere volle Aufmerksamkeit. Wir hören für einen Moment auf, über Dinge nachzudenken, die hier und jetzt keine Bedeutung haben und werden ganz in das Erleben hineingezogen. Das ist wahre Meditation!

Wenn eine solche Begegnung den Menschen an Bord eines »sanften« Whale Watching-Bootes geschieht, entsteht ein magischer Moment der besonderen Art: Der Skipper drosselt den Motor oder stellt ihn bestenfalls ganz ab. Stille kehrt ein.

Bei den hier beschriebenen Ausfahrten vor der Küste des Valle Gran Rey, betrachten wir die Welt plötzlich aus einer »Nussschale« im Ozean und den Sinnen eröffnet sich eine neue Perspektive. Die Farben scheinen intensiver zu leuchten, wir hören Geräusche, die wir bislang nicht wahrgenommen haben. Es entsteht Raum für das Unerwartete: Ein besonderer Sprung, eine intime Begegnung zwischen Wal und Walsucher; ein Verhalten, eine Bewegung oder der Blick eines Delfins, der eine Botschaft zu senden scheint – oder einfach nur die stille Freude über eine neue Art auf der Sichtungs-Liste eines Walbeobachters.

Weit entfernt der Felseninsel dümpeln wir auf dem satt blauen Atlantik, um uns herum eine spritzig spielende Delfinschule oder lässig treibende Pilotwale, deren Atemgeräusche rund um das Boot von den Geheimnissen der Tiefe erzählen. Dann der Blick zurück auf das Eiland, das wie eine Fata Morgana mächtig aus dem Dunst aufragt. Seine vulkanischen Felsformationen ähneln von hier aus den Rückenfinnen von Walen und Delfinen. Als wären die herausragenden Basaltgrate eine Jahrmillionen alte Prophezeiung, dass dies die Insel der Delfine ist.

Lothar Koch

Lothar Nishkam Koch ist Biologe, Meeresschützer und Walhelfer von der Insel Sylt. Wale und Meditation sind seine Leidenschaft. Seit 1994 zieht ihn beides immer wieder nach La Gomera.

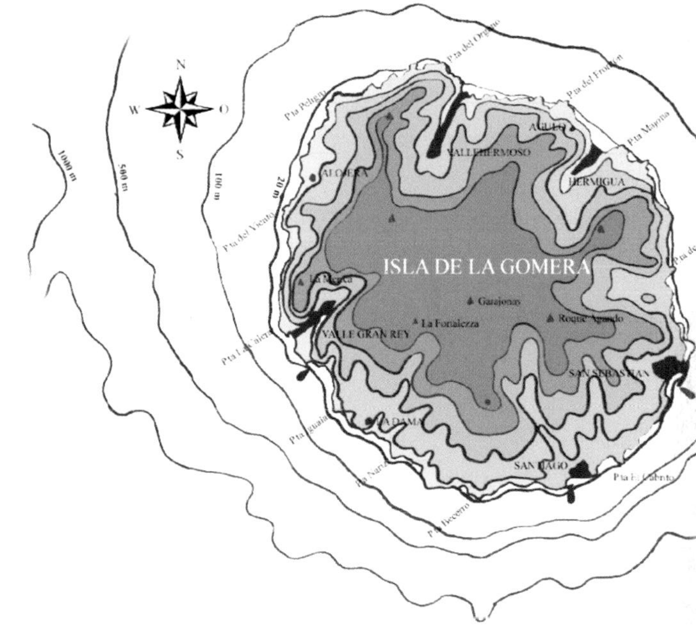

Fabian Ritter

Die Insel der Delfine

Begegnungen auf dem Meer vor La Gomera

Inhalt

Die Insel La Gomera ist umgeben von tiefen Wassern. Der Atlantische Ozean erreicht hier schon nahe der Küste mehrere Hundert Meter Tiefe, die hohe See beginnt direkt vor der Haustür. Dies führt zu einer Besonderheit, die La Gomera unter den Kanaren einmalig macht: Sie ist die Insel der Delfine. Eine große Anzahl verschiedener Wal- und Delfinarten findet hier ihren Lebensraum – in einer Vielfalt, die kaum einen Vergleich kennt.

So ist La Gomera ein lohnendes Ziel für all jene, die diese Tiere in ihrem natürlichen Lebensraum erleben möchten. Und auch für mich als Biologen, der sich insbesondere für das Verhalten von Delfinen und Walen interessiert, sind die Gewässer vor der Insel ein wahres Paradies. Denn es gibt nur wenige Orte auf der Erde, wo so viele Meeressäuger auf so engem Raum zu finden sind. Und doch wissen wir erst sehr wenig über diesen großen Reichtum im Meer. Einheimischen und Touristen ist selten bewusst, welche außergewöhnlichen Möglichkeiten sich hier bieten – für die Meeressäuger, und gerade damit auch für uns Menschen.

Im Rahmen von Forschungsarbeiten für den gemeinnützigen Verein M.E.E.R. e.V. habe ich seit vielen Jahren die hier vorkommenden Wale und Delfine studiert und bin längst der Überzeugung, dass sie einen der größten Reichtümer der Insel darstellen.

Dieser Bildband soll dem Leser die vielen Gesichter des Meeres vor La Gomera näher bringen, und gleichzeitig ein Aufruf sein, dieses einzigartige Naturerbe zu schützen. Denn auch auf den Kanaren ist der marine Lebensraum stark vom Menschen beeinträchtigt und bedroht.

Mich persönlich haben die Wale und Delfine verzaubert, und mit mir viele andere, die ich auf den unzähligen Meeresexkursionen begleitete. Mit den Bildern, die bei dieser Arbeit entstanden sind, soll ein wenig von diesem Zauber vermittelt werden.

Die Fotos in diesem Buch entstanden über einen Zeitraum von über zwei Jahrzehnten. Zu Beginn arbeitete ich dabei noch mit Diafilmen. Aufnahmen von Arten und Situationen, die einmalig sind oder so bislang nicht fotografiert wurden, habe ich wegen ihrer Besonderheit trotz geringerer Qualität bewusst mit aufgenommen.

La Gomera – La Isla magica

Landschaften der Götter

La Gomera ist einer von sieben Vulkanen, die sich aus den Tiefen des Atlantischen Ozeans erheben und zusammen den Archipel der Kanarischen Insel bilden. Einige Hundert Kilometer westlich vom afrikanischen Festland ragt die zweit-kleinste der Kanaren gut 1.500 Meter über den Meeresspiegel. Als Nachbar ihrer »großen Schwester« Teneriffa erscheint sie eher winzig, und doch gehört sie zu den vielgestaltigsten Inseln des Archipels.

Als Vulkan vor Urzeiten erloschen, nagen seit langem schon Wind und Wetter an dem fast kreisrunden Eiland. In der gleichen Zeit etablierte sich hier über Millionen von Jahren hinweg ein extrem vielfältiges Insel-Leben. So wurde eine einzigartige Komposition verschiedener Lebensräume geschaffen. Vom seichten Hügelland bis zu atemberaubend steilen Tälern, von steppenartigen Gegenden bis hin zu vor Feuchtigkeit triefenden Nebelwäldern, finden wir hier eine Mannigfaltigkeit, die La Gomera zu »einer der drei schönsten Inseln der Erde« (so Capitano Claudio, ein bekannter Zeitgenosse) macht.

Manchmal gelangt man mit nur wenigen Schritten vom kühlen Wald in die sengende Sonne. Praktisch hinter jeder Wegbiegung liegen hier Extreme beieinander, spektakuläre Ausblicke wechseln mit undurchdringlichem Dickicht. Und nicht zuletzt zeigt La Gomera zu jeder Jahreszeit ein immer neues Gesicht. Dem Himmel fühlt man sich hier sehr nah, und tatsächlich steht man nicht selten inmitten von Wolken.

Der Roque Agando erhebt sich beschützend über dem Barranco de Santiago (links)

Ein typischer Bewohner der trockenen Zonen und sehr beliebt bei Didgeridoo- und Trommelbauern: die Agave (Mitte)

Majestätisch thront der Tafelberg Fortaleza über der Landschaft (rechts)

Im Süden und Südwesten der Insel sind im Sommer ganze Landstriche von großer Trockenheit gekennzeichnet (links oben)

Dennoch findet man auch hier immer wieder Stellen, wo Wasser direkt aus dem Fels zu treten scheint – und für üppiges Leben sorgt (Mitte)

Die Kandelaberwolfsmilch ist eine Pflanze, die extrem gut an sich ständig wechselnden klimatischen Verhältnissen angepasst ist (links unten)

Wo einst flüssiges Gestein durch Spalten aufstieg und erkaltete, durchziehen heute mächtige, natürliche Mauern die Landschaft (nächste Seite)

Eine Zauberwelt: Der Parque Nacional de Garajonay

Die Kanarischen Inseln liegen in der geografischen Zone der Passatwinde. Der Archipel stellt eine Barriere in diesem stetigen von Nordosten nach Südwesten gerichteten Luftstrom dar, weshalb sich Norden und Süden der Insel klimatisch stark voneinander unterscheiden. Im Norden bzw. Nordosten führt der Passat vergleichsweise kalte Luft heran, die an den Flanken der Insel aufsteigt und dabei weiter abkühlt. Es bilden sich Wolken, welche die meiste Zeit des Jahres wie ein Dach auf der Insel liegen. Sie sind die Ursache dafür, dass La Gomera – in einer scheinbaren Umkehr »normaler« Verhältnisse – umso grüner und dicht bewachsener wird, je höher man aufsteigt. Im Zentrum der Insel, im Nationalpark Garajonay, benannt nach dem höchsten Gipfel der Insel, finden wir den größten noch erhaltenen zusammenhängenden Lorbeerwald der Erde! Es handelt sich um einen Nebelwald par excellence. Aus den Passatwolken gespeist und von den Bäumen gleichsam durchkämmt, siebt er das Wasser förmlich aus der Luft. Dieses einzigartige Ökosystem wurde bereits 1986 zum Weltnaturerbe erklärt.

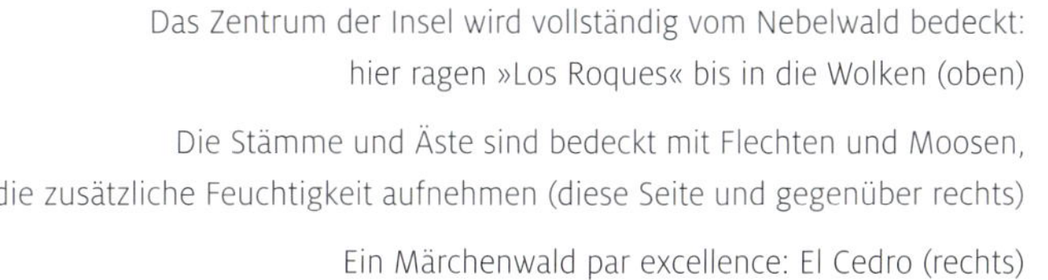

Das Zentrum der Insel wird vollständig vom Nebelwald bedeckt: hier ragen »Los Roques« bis in die Wolken (oben)

Die Stämme und Äste sind bedeckt mit Flechten und Moosen, die zusätzliche Feuchtigkeit aufnehmen (diese Seite und gegenüber rechts)

Ein Märchenwald par excellence: El Cedro (rechts)

Valle Gran Rey: Das königliche Tal

Im Südwesten La Gomeras liegt das mächtige Valle Gran Rey. Es ist eines der wasserreichsten Täler La Gomeras, deshalb war es schon immer vergleichsweise dicht besiedelt. Inzwischen ist es auch der Touristenmagnet Nummer eins der Insel. Das liegt nicht nur an seiner Schönheit, sondern insbesondere daran, dass hier verschiedene Landschaftsformen und Klimazonen in wenigen Stunden durchwandert werden können – vom glühend heißen Strand über den urwüchsigen Wasserfall-Barranco bis zum windzerzausten Steilgebirge. Dazu kommen Sand und Sonne. Aber auch wegen der vielen kleinen Kneipen und Restaurants lässt es sich hier wahrlich königlich leben. Als Einheimischer, Aussteiger oder Urlauber – auch lange nachdem der große Guanchenkönig das Tal verließ, dem es seinen Namen verdankt.

Das Valle Gran Rey beherbergt eine Vielzahl kleinerer Dörfer, die sich an die mächtigen Flanken der Berge schmiegen. Die oberen Orte sind im Gegensatz zu den Siedlungen am Meer viel ruhiger und noch durch die alten Gewohnheiten der Gomeros geprägt. Hier sieht vieles noch so aus wie vor langer Zeit. Im Zentrum des Tals verläuft ein Fluss, der über den Sommer kaum oder gar kein Wasser mehr führt, im Winter aber – besonders nach schweren Regengüssen – zu einem rauschenden Gewässer wird..

Den typischen Terassen-Anbau findet man noch überall im Valle Gran Rey (links)

Der Wasserfall-Barranco ist ein beliebtes Ziel von Wanderern. Um den Wasserfall zu erreichen, durchquert man eine urwüchsige Wildnis (rechts)

Der Übergang vom Land zur See ist auf Gomera meist abrupt: Der größte Teil der Küste ist steil, an vielen Stellen erhebt sie sich bis zu mehrere Hundert Meter hoch fast senkrecht aus dem Meer. Es finden sich auch sandige Strände, doch die meisten davon sind nur schwer erreichbar, viele sind allein von See aus zugänglich. Wo das Wasser auf das Land trifft, zeigen sich Kraft und Rauheit des Meeres. Es walten Kräfte, denen man den größtmöglichen Respekt zollen sollte. Der Brandung des Atlantiks während eines Sturms hält ungeschützt kein Mensch und kein Boot stand. So bleiben die Gomeros bei Sturmwarnung wohlweislich an Land – und schauen sich das Spektakel lieber aus sicherem Abstand an …

An der Küste lässt sich Gomeras Entwicklungsgeschichte ablesen. An unzähligen Orten kann man mit geologischem Sachverstand in den Felsformationen lesen wie in einem offenen Buch: Die verschiedenen Gesteinstypen offenbaren den vulkanischen Ursprung. Mächtige Ascheschichten und langgezogene Risse lassen die urzeitlichen Gewalten erahnen, die all dies erschaffen haben.

Unberührte oder verlassene Buchten gibt es (noch) viele. Wer mit dem Boot unterwegs ist, hat die Möglichkeit allem Trubel zu entkommen und seinen Anker dort zu werfen, wo es ganz einsam und still ist.

Die sagenhafte Küste

Im Morgendunst verlässt ein Whale Watching-Boot den Hafen von Vueltas (gegenüber)

Spektakulär wirkt die mächtige Steilflanke oberhalb von Alojera (oben)

Bei guter Sicht erscheint hinter der Silhouette Gomeras der Teide (Teneriffa), der höchste Berg im Atlantik (rechts oben)

Wenn Stürme über den Atlantik fegen, bauen sich am Playa del Inglés enorme Wellen auf (rechts Mitte)

Los Organos – Geometrie in Stein

Eines der größten Naturwunder der Insel sind Los Organos, die »Orgelfelsen«. Ganz im Norden der Insel gelegen, offenbaren sie ihre... ganze Schönheit nur demjenigen, der sich vom Meer aus nähert. Tatsächlich glaubt in Anbetracht der geometrischen Formationen von Basaltgestein das Auge kaum, was die Erdgeschichte hier erschuf: Perfektes Gleichmaß in einer Dimension, die einen geheimen Baumeister vermuten lässt. Selbst diejenigen, die diesen sagenhaften Felsen schon oft gesehen haben, sind immer wieder von seiner Gestalt begeistert.

Die See ist im äußersten Norden der Insel oft so ruppig, dass viele Bootstouren kehrtmachen müssen, noch bevor der gigantische Felsen in Sichtweite kommt. Da haben es die Delfine leichter, ihnen macht hoher Wellengang und schlechtes Wetter nicht zu schaffen. Unterhalb des Felsens befinden sich Unterwasserhöhlen, die wegen ihrer vielfältigen Flora und Fauna besonderen Schutz genießen. Das ist der Grund dafür, dass vor Los Organos häufig Haie gesichtet werden. Ob deswegen hier so selten Delfine auftauchen?

Von Ferne ragt der Zwillingsfelsen steil empor, im Hintergrund Teneriffa (rechts & gegenüber rechts)

Die faszinierenden Details offenbaren sich erst dem Blick aus der Nähe (unten rechts & gegenüber links und Mitte)

Manch einer hat sogar das Glück, dass Delfine direkt vor Los Organos auftauchen (unten links)

Geissbrassen (links), Neon-Riffbarsche (Mitte) und Oktopusse (rechts) sind typische Bewohner der ufernahen Zonen

Auf dem Meer vor La Gomera sind es meist die Delfine, die auf sich aufmerksam machen. Eher selten bekommt das ungeübte Auge andere Meerestiere zu Gesicht. Doch so wenig man von der Oberfläche aus sieht, so prall ist das Leben darunter. Wegen der Unberührtheit der Küste leben hier unzählige Fischarten, Weichtiere, Krebse, Seesterne und andere Wirbellose. Wenngleich die Unterwasserwelt nicht mit der Intensität tropischer Riffe vergleichbar ist, offenbart sich Vielfalt auf unscheinbare, aber nicht minder faszinierende Weise. Sei es mit dem Schnorchel oder der Tauchausrüstung, es lohnt sich immer, einen Blick unter die Oberfläche zu werfen.

Faszinierendes Leben im Meer

Neben den meist kleineren Fischarten vor der Küste begegnen uns auf offener See nicht selten die großen Räuber des Meeres: Haie, Marline, Thune, und in sehr seltenen Fällen auch Mantarochen. Hier stellen sie ihrer Beute nach: Sardinen oder Makrelen. Hammerhaie werden sogar ganz nah der Küste gesichtet.

Im Frühjahr gesellt sich ein Meeresbewohner der Hochsee hinzu, der an die Oberfläche gebunden ist: die Portugiesische Galeere. Dieser zu den Staatsquallen gehörende Organismus lässt sich von Wind und Strömungen treiben. Vorsicht ist geboten, wenn man ihnen beim Schwimmen und Schnorcheln begegnet oder ihren Körper am Strand findet. Ihre Tentakel gehören zum Giftigsten, was das Meer zu bieten hat und können schwere Verbrennungen herbeiführen!

Die Portugiesische Galeere ist ein typischer Anblick im Frühjahr:
diese Staatsqualle fängt mit ihren extrem giftigen Tentakeln Fische und Planktonorganismen (oben links & S. 21, links)

Auch Schwärmen von Barrakudas kann man beim Schnorcheln vor La Gomera begegnen (oben Mitte)

Marline und Haie gehören zu den Räubern am oberen Ende der Nahrungsnetze. Der Blaue Marlin (gegenüber, ganz links) ist allerdings noch scheuer als die relativ häufigen Hammerhaie (gegenüber, rechts)

Das Skelett eines Marlins, aufgenommen in der Bucht von Playa Negra (gegenüber, Mitte)

Auch was auf den ersten Blick nach leblosen Steinen aussieht, ist voller Leben:
Algen, Schnecken, Schwämme und viele andere Organismen besiedeln die Felsen unter Wasser (rechts)

Die hohe See beginnt schon nach wenigen Minuten Fahrt. Wenn wir mit dem Boot auf den Atlantik vor La Gomera fahren, haben wir innerhalb kürzester Zeit Tiefen von mehreren Tausend Metern unter uns. Von hier aus zeigt sich ein anderes Bild der Insel: Der Atlantik, der Gomera seine Grenzen zeigt und die Insel zu einem Schmuckstück im Ozean macht.

Der Atlantik zeigt sich in immer neuem Gewand. Mal spiegelglatt, meist aber bewegt, mal plätschert er sachte, mal schickt er meterhohe Wellen krachend an Land. Es scheint, als erzähle er die ewig gleiche Geschichte mit immer anderen Worten. In Komposition mit dem Himmel, der ebenfalls in immer anderem Licht erscheint und stets neue Wolkenformationen hervorbringt, malt das Meer jeden Tag ein neues Bild von sich selbst.

Das Meer zeigt regelmäßig seine ganze Kraft, und die Gomeros wissen seit Ewigkeiten um seine Wucht. Wenngleich der traditionelle Fischfang – verursacht nicht zuletzt durch die Überfischung – heute in einer Krise steckt, ist der Atlantik noch immer eine wichtige Einnahmequelle für viele Gomeros. Die Fischer kennen »ihren Ozean« sehr genau, und ihr Wissen ist unschätzbar. Der Ozean hat die Menschen auf der Insel seit jeher stark geprägt, sowohl die Einheimischen, die in vielerlei Hinsicht von ihm abhängig sind, als auch die Besucher aus aller Welt, von denen viele eigens wegen dem Meer hierher reisen.

Biologen nennen die Wale und Delfine »Cetaceen« (von latein.: cetus = Wal). Vor La Gomera begann die Erforschung dieser Tiere in den 1990er Jahren. Seit 1992 gibt es touristische Ausfahrten aufs Meer und seit 1994 sind diese auch speziell auf der Suche nach Walen und Delfinen: Whale Watching. Schon bald stellte sich heraus, dass den Booten meist Delfine begegneten – große Wale sind eher die Ausnahme. 1995 begannen die ersten systematischen Erhebungen zum Vorkommen von Cetaceen und bald lag eine Artenliste vor, die von Monat zu Monat länger wurde. Bis heute (2018) wurden ganze 23 Spezies dokumentiert. Das bedeutet, dass der Großteil der insgesamt 30 Arten, die für die Kanarischen Inseln nachgewiesen wurden, vor La Gomera zu beobachten ist. Das Spektrum reicht vom kleinen Blau-Weißen Delfin über Grind- und Schnabelwale bis zum riesigen Blauwal. Das ist erstaunlich, denn das Untersuchungsgebiet ist vergleichsweise klein, es umfasst nur rund hundert Seemeilen im Quadrat.

Die Delfine und Wale vor La Gomera

Was damals mit der Ausarbeitung meiner Diplomarbeit begann, ist mittlerweile zu einem international anerkannten Forschungsprojekt geworden. Wissenschaftler aus aller Welt und aus unterschiedlichen Disziplinen beschäftigen sich inzwischen mit der Ökologie der Cetaceen und gehen den Besonderheiten auf den Grund. Heute wissen wir, dass es sich – gemessen an der Größe der untersuchten Gewässer – vor La Gomera um die vielleicht höchste Artenvielfalt an Cetaceen weltweit handelt.

Die meisten Arten repräsentieren die Unterordnung der Zahnwale, und die am stärksten vertretene Familie sind die Delfine. Die Antwort auf die Frage, warum so viele Arten ausgerechnet hier auftreten, lautet: Es hat in erster Linie mit dem Nahrungsangebot zu tun. Die Gewässer vor La Gomera bieten extrem gute Bedingungen, die im Umkreis der anderen Inseln selten zu finden sind. Mit großer Regelmäßigkeit werden auch junge und neugeborene Tiere gesichtet. Das belegt, dass diese Gewässer auch als »Kinderstube« genutzt werden. Die Größe der Delfinschulen von manchmal mehreren Hundert Tieren ist ein weiteres Indiz dafür, von welcher enormen Bedeutung das Meer um den kanarischen Archipel für Meeressäuger ist.

Bei einer solchen Vielfalt ist man als Forscher manchmal überfordert. Wo soll man anfangen zu zählen, wie soll man das Verhalten der Tiere bewerten, und welche ökologischen Prozesse sind hier am Werk? Hat man eine Frage beantwortet, stehen mehrere neue vor der Tür ...

Da die Forschungen von Beginn an (1995) stets an Bord der Whale Watching-Boote stattfanden, lag es nahe, sich auf das Reaktionsverhalten der Tiere in Bezug auf die Boote zu konzentrieren. Als Wal- und Delfinbeobachter ist man stets Gast. Und als Gast sollte man schließlich wissen, ob man überhaupt willkommen ist. So steht die Frage »Wie reagieren die Tiere?« im Mittelpunkt unseres Interesses. Inzwischen konnte nachgewiesen werden, dass es in dieser Hinsicht große Unterschiede zwischen den Arten gibt. Jede Spezies scheint ihren eigenen Charakter zu haben und ihre bestimmte Art und Weise(n), mit menschlichem Besuch umzugehen. Unsere Forschungen tragen also dazu bei, die Tiere immer besser kennen zu lernen. Mit diesem Wissen können wir unser Verhalten dem ihrigen immer besser anpassen, und nicht anders herum!

Und doch bleibt das Verhalten im Einzelfall oft unberechenbar. Letztlich kann man nie mit Sicherheit voraussagen, was einen bei einer Ausfahrt erwartet.

Die Eigenheiten der Delfinfahrten vor La Gomera sind enorm spannend, denn keiner weiß genau, ob man die Tiere überhaupt findet, welchen Arten man begegnet und was dann passieren wird. Das wesentliche Merkmal des Whale Watching vor La Gomera ist jedoch, dass es sich um ein Beispiel für so genanntes »sanftes Whale Watching« handelt. Stets wird darauf geachtet, den Tieren mit Respekt zu begegnen. Grundsätzlich soll es den Tieren überlassen bleiben, ob sie sich mit den Walbeobachtern beschäftigen wollen oder nicht. Dass es da auch zu enttäuschten Gesichtern an Bord kommt, wenn mal keine Tiere aufgespürt wurden oder nur kurz verweilt wurde, liegt in der Natur der Dinge.

Fest steht jedenfalls, dass es kaum anderswo auf der Erde möglich ist, so vielen verschiedenen Wal- und Delfinarten zu begegnen, wie vor La Gomera. Damit ist die Insel einer der herausragenden Plätze auf der Welt, wo Menschen Wale und Delfine in ihrem natürlichen Lebensraum erleben können: Eine Insel der Delfine.

Machen wir uns also auf den Weg: Fahren wir hinaus auf den Atlantik und suchen nach Delfinen und Walen. Wer weiß, was dort draußen auftauchen wird?

Grosser Tümmler *(Tursiops truncatus)*

Charakterköpfe in Grau

Der Große Tümmler ist die häufigste Cetaceenart vor La Gomera. Er gehört zu den größeren Delfinen und kann bis ca. 3,5 Meter lang werden. Große Tümmler sind auch die der Wissenschaft bekanntesten Delfine, daher weiß man relativ viel über ihre Lebensweise und ihr Sozialverhalten. Sie leben in Schulen, deren Mitglieder sich gut kennen, wobei die Zusammensetzung der Gruppen aber stark variiert und sich innerhalb kurzer Zeit immer wieder ändern kann. Oft bilden sie standorttreue Gemeinschaften. So auch auf den Kanarischen Inseln, daher treffen wir mit großer Regelmäßigkeit auf uns bekannte Tiere. Die Tümmlerschulen vor La Gomera umfassen in der Regel 10-20 Tiere, können manchmal aber auch bis zu 50 oder mehr Individuen stark sein.

Es handelt sich um Delfine mit einem starken Charakter, sowohl was die Individuen, als auch die gesamte Art angeht. Wir erleben sie manchmal sehr spielerisch, wenn sie sich den Booten neugierig nähern, und schon bald wollen sie nichts mehr von uns wissen. Interessanterweise sind sie umso »scheuer« (d.h. weniger interaktiv, was Boote angeht), je näher sie sich an der Küste aufhalten – vermutlich, weil sie in Küstennähe verstärkt ihrer Beute nachstellen

Große Tümmler sind fest ansässig auf den Kanarischen Inseln,
wahrscheinlich bringen sie hier schon seit Urzeiten ihre Nachkommen zur Welt.
Große Tümmler sind kräftige Schwimmer, die manchmal eindrucksvolle Sprünge zeigen. (unten links & S. 87)

Nicht selten schwimmen die Tümmler unmittelbar an der Küste entlang,
sehr zur Freude jener, die sie dort entdecken (gegenüber links)

Große Tümmler, die oft nur aus einer gewissen Distanz beobachtet werden können,
scheuen sich hingegen nicht, in der Bugwelle von Booten zu schwimmen (unten rechts)

Magische Momente: Tümmler auf Abwegen

Das Wetter war hervorragend: Wenig Wind und glatte See, kaum eine Welle kräuselte sich. Beste Voraussetzungen, weit draußen nach Walen und Delfinen zu suchen. Wenn der Nordostpassat bläst, haben wir wegen des Wellengangs kaum Sichtungschancen. An diesem Tage wurden wir jedoch frühzeitig »aufgehalten«. Eine Schule Großer Tümmler schwamm uns nur etwa eine Seemeile vor der Küste »über den Weg«. Bei denen blieben wir und verfolgten die Gruppe von etwa 15 Tieren eine ganze Weile. Sie waren einfach am »Traveln«, zogen also geradlinig in eine Richtung.

Es ging gänzlich unspektakulär zu, bis wir uns langsam gemeinsam mit den Delfinen einer großen Schar Gelbschnabel-Sturmtauchern näherten, die gemütlich dösend auf der Wasseroberfläche dümpelte. Einige Delfine schwammen durch die Vogelansammlung einfach hindurch. Die Sturmtaucher flogen auf – auch das nichts Besonderes. Aber da waren noch mehr Vögel, die verstreut in mehreren Gruppen »Siesta« hielten. Einige Tümmler schwammen nun zur nächsten Vogelansammlung – und natürlich flogen auch diese auf. Immer noch waren mehrere Scharen von Vögeln da, vielleicht jeweils fünfzig bis hundert Meter voneinander entfernt. Jetzt erst bemerkten wir, was vor sich ging: Die Großen Tümmler tauchten bzw. schwammen zielgerichtet zu jeder einzelnen Gruppe und scheuchten sämtliche Vögel auf, bis kein einziger mehr auf der Oberfläche saß. Bei den letzten Sturmtauchern erdreistete sich ein Tümmler sogar, nach einem der Vögel zu schnappen, wobei er mit der Hälfte seines Körpers aus dem Wasser kam. Schließlich hatten die Delfine mehrere Hundert Sturmtaucher zielgerichtet aus ihrer Mittagsruhe geholt.

Hatten die Delfine »Langeweile«? Oder konnten sie die Vögel nicht leiden? Warum zeigten sie dieses Verhalten? Wir haben darauf keine Antwort. Wie systematisch aber die Tümmler bei dieser Aktion vorgingen, war jedenfalls höchst erstaunlich!

ZÜGELDELFIN *(Stenella frontalis)*

Quirlige Akrobaten

Zügeldelfine gehören zu den kleineren Delfinarten, sie werden kaum länger als zwei Meter. Mit zunehmendem Alter bilden sich mehr und mehr Flecken auf ihrem Körper, daher rührt ihr zweiter Name »Fleckendelfin«. Sie sind diejenigen, die uns als Walbeobachtern den meisten Spaß bereiten, denn ihr Spieltrieb ist geradezu sprichwörtlich. Beispielsweise lieben sie es, in der Bugwelle der Boote zu reiten. Akrobatische Sprünge, Saltos und vielerlei auffällige Verhaltensweisen an der Oberfläche führen dazu, dass die Menschen an Bord oft vor Freude jauchzen.

Auch diese Delfinart lebt ständig vor La Gomera. Für die systematische Erforschung stellen sie eine große Herausforderung dar, denn meist ist ihr Verhalten alles andere als eindeutig, insbesondere bei größeren Schulen von mehreren Hundert Tieren. Aus der Perspektive des Beobachters an Bord geht einfach nur alles durcheinander! Die Schulen von Zügeldelfinen sind deutlich größer als bei den anderen Arten. Im Durchschnitt etwa 40 Tiere, besonders im Frühjahr können es aber auch viele Hundert Individuen sein. Dann den Überblick zu behalten, ist außerordentlich schwierig.

Zügeldelfine jagen ihre Beutefische häufig nahe der Meeresoberfläche. Wenn sie fressen, kommen immer wieder Seevögel hinzu, die ihren Teil der Beute abbekommen wollen. Während die Delfine Fische zur Oberfläche treiben, stürzen sich die Möwen und Sturmtaucher aus der Luft darauf. Solche »Wasserschlachten« sind ein kaum zu überbietendes Spektakel.

Zügeldelfine lieben es, in der Bugwelle von Schiffen zu schwimmen
Dort kann man sie dann sehr gut fotografieren (oben & gegenüber rechts)

Ihre Neugier lassen Zügeldelfine nicht selten an anderen Meeresbewohnern aus, wie hier an einer Schildkröte (oben rechts)

Je älter Zügeldelfine werden, desto gefleckter sind sie – daher kann man die Erwachsenen leicht von den Jungtieren unterscheiden (oben)

Junge Zügeldelfine sind gänzlich ungefleckt – und in ihrer Gestalt den Großen Tümmlern sehr ähnlich (oben & rechts und S. 40 & 41)

Magische Momente: Zeit des Kuschelns

Endlich! So hatten wir also doch noch Glück an diesem Tag. Stunden waren mit der Suche nach Meeressäugern vergangen. Weit draußen, viele Kilometer vor der Küste, wurden wir schließlich fündig. Eine große Schule Zügeldelfine verteilte sich auf mehrere Untergruppen. Schon von weitem war hohe Aktivität zu erkennen: mehrfach sahen wir Sprünge einzelner Tiere, andere schwammen schnell knapp unter der Oberfläche, sodass das Wasser aufspritzte.

Als wir einen näheren Blick auf das Geschehen warfen, erkannten wir, dass die verschiedenen »Untereinheiten« offenbar unterschiedlichen Aktivitäten nachgingen. Eine Gruppe von ca. 50 Tieren war sehr aktiv, andere weniger. Also beobachteten wir jene Untergruppe, wo die Tiere offenbar etwas miteinander austrugen. Sie jagten sich gegenseitig nach, tauchten zeitgleich ab, wälzten sich und sprangen übereinander hinweg. Schon öfter hatte ich solche Szenen beobachtet, offenbar gibt es von Zeit zu Zeit zwischen verschiedenen Schulen (oder verschiedenen Alters- bzw. Geschlechtsklassen) Auseinandersetzungen, die nicht immer freundlich sind. Zum Beispiel kämpfen Männchen miteinander, Halbstarke demonstrieren ihre Stärke gegenüber Artgenossen und dergleichen.

Diesmal war der Grund für die Aufregung aber ein anderer: Sex! Es ging eindeutig um intimen sozialen Kontakt. Wir konnten aus nächster Nähe zusehen, wie sich die Tiere miteinander paarten, scheinbar ohne jede Ordnung und jeder mit jedem. Die Tiere der besagten Untergruppe schwammen in direktem Körperkontakt nebeneinander oder übereinander, sie streichelten sich und kopulierten immer wieder. Dabei ließen sie sich von unserer Anwesenheit kein bisschen irritieren – wir wurden Zeugen einer Zügeldelfinorgie! Teilweise schwammen drei oder mehr Tiere »oben«, während andere bäuchlings unter ihnen herglitten. Wie bei Zügeldelfinen üblich, ging es offenbar auch hier spielerisch zu. Mit großer Leichtigkeit genossen sie ihr Dasein!

Sex findet bei den Delfinen spontan und zwischendurch statt, manchmal aber auch in Form eines großen »happenings« (S. 39)

Wie alle Delfine sind auch Zügeldelfine sehr sozial – Zärtlichkeiten in Form von direkter Berührung, z.B. mit den Brustflossen, sind Ausdruck starker Bindungen zwischen den Individuen (gegenüber)

Eine beliebte »Fun-Sportart« der Zügeldelfine: Bugwellenreiten (rechts)

Indischer Grindwal *(Globicephala macrorhynchus)*

Gelassenheit pur

Der indische Grindwal, auch Pilotwal genannt, ist in den Gewässern der Kanarischen Inseln heimisch. Eine Population von mehreren Hundert Tieren hat ihr Hauptaufenthaltsgebiet im Südwesten von Teneriffa, daher kommt diese Art vor Teneriffas Nachbarinsel La Gomera ebenfalls sehr häufig vor. Sie sind zoologisch betrachtet Delfine, wenngleich sie wesentlich größer werden und sich mit ihrem runden Kopf deutlich von anderen Arten unterscheiden. Die Männchen sind mit bis über sechs Metern Körperlänge bedeutend größer als die Weibchen und lassen sich auch anhand der Gestalt der Rückenfinne gut identifizieren.

Grindwale leben in sehr stabilen Familiengruppen, die von älteren Weibchen angeführt werden, Biologen sprechen von einem matrilinearen Sozialsystem. Die Nachkommen bleiben zeitlebens in der Gruppe, in die sie hineingeboren wurden – und ein Grindwalleben kann 50-70 Jahre dauern. Die Schulen sind im Durchschnitt etwa 15-20 Individuen groß und setzen sich fast immer aus verschiedenen Altersklassen zusammen, daher treffen wir regelmäßig auf ganz junge und manchmal sogar neugeborene Tiere.

Close-up: Grindwale unmittelbar neben dem Boot zu haben, kann zu intimen Begegnungen führen, die man nicht so schnell vergisst (oben)

Wenn Grindwale ruhen, liegen sie manchmal minutenlang nebeneinander an der Oberfläche (S. 45, unten)

Beizeiten nähern sich neugierige Grindwale bis auf wenige Meter den Whale Watching-Booten an (gegenüber, oben links)

Sie sind gemächliche Schwimmer – nur wenn sie schneller schwimmen oder von längeren Tauchgängen auftauchen, heben sie mehr als nur Rücken und Finne über die Oberfläche (gegenüber, links unten und S. 45)

Die Männchen erkennt man an ihren massigen Körpern und den großen Rückenfinnen mit breiter Basis (gegenüber, rechts oben)

Jungtiere (S. 43) sind nicht selten sehr neugierig, sie strecken dann auch gerne ihre Köpfe aus dem Wasser, so wie das Tier gegenüber untern rechts

Magische Momente: Die Konferenz der Grindwale

Es sollte eine Ausfahrt wie keine andere werden. Diese Vormittagstour begann pünktlich um 10 Uhr. Da sich kaum ein Lüftchen regte, entschieden wir uns, querab vom Hafen von Vueltas mit der Suche zu beginnen. Die Laune an Bord war ausgezeichnet, ein Gast hatte sogar eine Mundharmonika dabei und spielte Seemannslieder – andere sangen mit.

Schon nach kurzer Zeit begleiteten uns mehrere Tümmler auf unserer Fahrt hinaus aufs offene Meer. Dann kamen einige Grindwale in Sicht, die dösend an der Oberfläche ruhten. Trotz ihrer geringen Aktivität waren einige jüngere Tiere akustisch aktiv und wir konnten ihre Pfiffe deutlich über Wasser hören. Weil wir nicht weiter stören wollten, fuhren wir zu einer weiteren Schule Grindwale, die inzwischen aufgetaucht war. Während wir bei ihnen blieben, kamen immer mehr Wale hinzu, jetzt waren es bereits an die fünfzig Tiere.

Als wir uns kaum entscheiden konnten, wo wir hinschauen sollten, gerieten einige der Wale in Aufregung: Dort hinten kam die nächste Formation angeschwommen! Wenn zwei Grindwalschulen aufeinandertreffen, beginnt häufig eine Art Begrüßungsritual: Die Tiere schwimmen an der Oberfläche aufeinander zu, vermischen sich und tauchen dann alle gemeinsam ab. Wenn sie nach wenigen Minuten fast zeitgleich auftauchen, herrscht heilloses Durcheinander. So auch dieses Mal. Inzwischen waren wir umzingelt von Walen, und es kamen immer noch mehr hinzu!

Wir hatten den Motor schon längst ausgeschaltet, denn wohin hätten wir auch fahren sollen? Wir waren umgeben von Tieren, die sich in einer riesigen Versammlung herumtollten, durcheinander schwammen und teilweise gleich mehrfach ihre Köpfe aus dem Wasser hoben. Wir schätzten ihre Zahl auf etwa Hundert, was bedeutet, dass wir einen bedeutenden Teil der gesamten kanarischen Population vor bzw. unter uns hatten! Dabei schienen die Tiere umso entspannter zu werden, je größer die Ansammlung wurde. Bei alledem, was in unserer unmittelbaren Nähe geschah, liefen uns Schauer der Freude über den Rücken!

Rauzahndelfin *(Steno bredanensis)*

Sensible Schlawiner

Diese eigenartigen Delfine sind auf den ersten Blick leicht mit Großen Tümmlern zu verwechseln, da sie ihnen in Größe und Färbung ähneln. Beim genauen Hinschauen bemerkt man jedoch die Unterschiede: Die oft als reptilienhaft bezeichnete Kopfform ohne die charakteristische Einkerbung vor der Melone, der »Stirnwölbung« anderer Delfinarten. Augen und Rückenflosse sind recht groß, und ihre Haut ist besonders an der Bauchseite deutlich gefleckt und manchmal mit einem rosa Schimmer.

Rauzahndelfine waren bis dato gänzlich unerforscht. Wir hatten das Glück herauszufinden, dass sie sich ganzjährig vor La Gomera aufhalten. Und das entgegen der Lehrmeinung. Es sei hier viel zu kalt für sie, sie würden Gewässer mit einer Oberflächentemperatur von mindestens 25 Grad bevorzugen. Seitdem haben wir viel Neues über die »Rauzähne« (wie wir sie gerne nennen) gelernt. Zum Beispiel, dass sie typischerweise in sehr engen Gruppenformationen unterwegs sind. Auch wissen wir inzwischen, dass es sich vor La Gomera um immer dieselben Individuen handelt. Demnach können sie zu den auf den Kanaren sesshaften Arten gezählt werden. Neben den Tümmlern sind sie die einzige Spezies, die sich unmittelbar der Küste nähert, wenn auch nicht so häufig.

Bei diesen ungewöhnlichen Tieren hat man das Gefühl, dass sie bei der Begegnung mit Booten zunächst sehr vorsichtig agieren und erst nach und nach »auftauen«. Dann aber können sie so richtig loslegen, mit Serien von Sprüngen und geradezu vorwitzigem Verhalten.

Einer kommt selten allein: Rauzahndelfine schwimmen oft in engen Formationen, daher hat man oft mehrere von ihnen auf dem selben Bild (gegenüber rechts, S. 53 & 56)

Ausbrüche von spielerischem Verhalten wie z.B. Sprünge gehören zu ihrem typischen »Programm« (oben, gegenüber links & S. 57 oben links)

Gegenüber Walbeobachtern zeigen Rauzahndelfine ein breites Spektrum von Zurückhaltung bis große Neugier (ganz oben)

Ihre auffällige Fleckung macht einzelne Tiere deutlich voneinander unterscheidbar (rechts) – diese beiden liebkosen sich mit ihren Brustflossen

Die konische Kopfform macht Rauzahndelfine bei der näheren Betrachtung unverwechselbar (oben links & rechts)

Obwohl man dies von einer solch unerforschten Art erwarten würde, meiden sie nicht generell die Nähe zum Menschen: hier wurden sie direkt vor dem Hafen von Vueltas gesehen (unten links), ein andermal schnappten sie sich den von einem Fischerboot über Bord geworfenen Fisch (unten rechts)

Magische Momente: Die Trauer der Delfine

Am hatten wir direkt vor dem Hafen von Vueltas eine Schule Rauzahndelfine beobachtet. Ob es die gleiche Schule war, die uns während der nächsten Tage immer wieder begegnen sollte, werden wir wohl nie erfahren.

Am 25. April 2001 trafen wir auf eine Schule Rauzahndelfine, die recht weit verstreut war – so wie man das von ihnen durchaus kennt. Nach einer Weile fiel uns ein erwachsenes Tier auf, das sich eigenartig bewegte und scheinbar etwas mit sich herumtrug. Wir konnten aber zunächst nicht erkennen, was hier vor sich ging. Schließlich bestätigte sich unser trauriger Verdacht: Hier trug eine junge Mutter ihr totes Neugeborenes mit sich! Da der leblose Körper absank, tauchte sie ihm hinterher und beförderte es wieder an die Oberfläche, meist schob sie es dabei mit ihrem Kopf vor sich her. Einige weitere Tiere aus der Schule, offenbar immer dieselben, hielten sich ständig in ihrer Nähe auf. Immer wieder schwamm die Mutter unter ihr verlorenes Junges, wie in einem andauernden Versuch, es zu retten...

Schon am darauf folgenden Tag trafen wir die gleiche Schule wieder. Das war beachtlich, denn normalerweise treffen wir selten auf Delfine, die wir am Vortag gesehen haben. Aber die Wiederholung des Schauspiels von gestern ließ keinen Zweifel: noch immer trug die Mutter ihr totes Kalb mit sich. Und wieder waren andere in ihrer Begleitung. Offenbar hatte sich die gesamte Schule im Vergleich zum Vortag kaum von der Stelle gerührt. (Vielleicht war die Geburt an jenem ersten Tag nahe der Küste vollzogen worden? Möglicherweise hatten die Delfine den Schutz der Küste gesucht, denn auf offener See sind die Angriffsmöglichkeiten, z.B. von Haien, größer).

Die Tragödie sollte indes noch länger dauern: Insgesamt sechs Mal innerhalb von fünf Tagen sichteten wir die Schule wieder. Und auch nach fünf Tagen war die Mutter nicht von ihrem Nachwuchs gewichen. Inzwischen halfen andere Delfine, das Neugeborene - welches aufgrund der bereits eingesetzten Verwesung nun ständig an der Oberfläche trieb - vor Angriffen von Möwen zu bewahren. Mir kam es so vor, als hätte sich die gesamte Schule auf die außergewöhnlichen Umstände eingestellt. Da sie während der ganzen Zeit nur sehr langsam schwammen, nahmen sie offenbar Rücksicht auf die unglückliche Mutter.

Ob Delfine so etwas wie Trauer empfinden, können wir nicht mit Sicherheit sagen. Beachtet man aber das abgestimmt wirkende Verhalten dieser Mutter und der anderen Delfine, steht zumindest so viel fest: Ein totes Neugeborenes versetzte diese Gemeinschaft in einen anhaltenden Zustand weit ab der Normalität. Die Tatsache, dass das Beistandsverhalten über mindestens fünf Tage gezeigt wurde, deutet auf enge Bindungen zwischen den Individuen bei Rauzahndelfinen hin. Wir haben über diese Tiere noch viel zu lernen!

Dramatische Szenen: Eine Rauzahndelfinmutter trägt ihr totes Neugeborenens tagelang mit sich. Sie wird dabei ständig von weiteren Tieren aus ihrer Gruppe eskortiert (oben links)

Folgende Seiten:
Ein Tümmlerweibchen wirft sich spielerisch auf den Rücken (links)

Ein Grindwal durchbricht beim Auftauchen ausatmend die Oberfläche (rechts)

Exkurs I: Haben Wale und Delfine Persönlichkeit und Bewusstsein?

Die Anekdoten in diesem Buch, welche die Begegnungen mit Walen und Delfinen beschreiben, und meine weiteren Erlebnisse bei der Walbeobachtung in aller Welt sprechen in vielfacher Hinsicht dafür: Das Verhalten von Walen und Delfinen ist zielgerichtet. Sie verfügen über eine reiche emotionale »Innenwelt« und sind sich ihrer selbst bewusst. Eine Vielzahl von Forschungen an diesen faszinierenden Kreaturen und eine Menge verblüffender Experimente zu ihren kognitiven Fähigkeiten stützen diese Vermutungen inzwischen. Wir wissen heute, dass es sich bei Cetaceen um intelligente, fühlende und empathische Tiere handelt, die ein hohes Maß an Denkfähigkeit, Sprachentwicklung, Problemlösung, Handlungsplanung, kognitiver Flexibilität und sogar Ichbewusstsein mitbringen. Es wird immer deutlicher, dass jedes dieser Tiere individuelle Fähigkeiten und Neigungen besitzt und seine Denkwege durch die vielen Erfahrungen geprägt werden, die es im Laufe seines langen Lebens macht.

Diese individuellen Fähigkeiten sind in hoch komplexe soziale Strukturen eingebettet, insbesondere bei Zahnwalen, zu denen alle Delfine und Pottwale gehören. Die Mitglieder einer Zahnwal-Gemeinschaft, die von Kenn Norris, einem berühmten Delfinforscher, einmal Societies of friends (»Gemeinschaften von Freunden«) genannt wurden, kennen sich alle persönlich. Sie kooperieren miteinander, unterstützen sich gegenseitig und sind füreinander da. Wichtiger noch: Sie schätzen sich dabei gegenseitig ein, bilden präferenzielle und manchmal Jahrzehnte anhaltende Bindungen mit bestimmten Artgenossen und kooperieren gezielt mit anderen, weil sie scheinbar wissen, was in den anderen vorgeht. So genannte Spindelneurone, die beim Menschen ein empathisches Empfinden ermöglichen, sind auch im Gehirn einiger Walarten nachgewiesen worden.

Wale und Delfine lernen voneinander, kommunizieren praktisch ständig miteinander und verfügen offenbar auch über Eigennamen. Bei einigen Arten identifiziert sich jeder Delfin mithilfe eines eindeutigen, so genannten Signaturpfiffes. Diese Komplexität mag überraschen, was schlicht daran liegt, dass Menschen bis vor kurzem noch nicht so tief in die Welt der Cetaceen eintauchen konnten. Lange Zeit haben wir einfach auch nicht die richtigen Fragen gestellt. Cetaceen brauchen keinen Vergleich hinsichtlich ihrer kognitiven und sozialen Fähigkeiten im Tierreich zu scheuen – nicht einmal mit uns Menschen. Ihre Intelligenz und ihre Art zu denken sind jedoch vollständig anders geartet. Nicht nur, da sie sich in einer so unterschiedlichen, nämlich einer dreidimensionalen Unterwasserwelt entwickelt haben. Sondern auch, weil diese Tiergruppe über einen viel längeren Zeitraum entstand. Cetaceen bewohnen in ihrer jetzigen Form unseren Planeten seit vielen Millionen Jahren. Wir sind die Neuankömmlinge auf der Erde!

Wenn ein Delfin oder Wal eine Persönlichkeit hat; wenn diese Tiere bewusstes und kontrolliertes Verhalten an den Tag legen, konzeptionell abstrahierend und analytisch denken sowie facettenreiche Emotionen zeigen, mit Vorlieben und Abneigungen; wenn sie über Selbstbewusstsein verfügen, inklusive der Fähigkeit, sich in andere hineinzuversetzen – dann muss der Mensch seine anthropozentrische Denkweise über unsere Mitgeschöpfe im Meer revidieren. Wesen, die individuelle Persönlichkeitsmerkmale zeigen, besitzen einen Eigenwert – und damit Würde. Deshalb müssen wir auch unser Verständnis von Artenschutz überdenken. Die wissenschaftliche Anerkennung dieser Qualitäten muss ethische und letztlich auch juristische Konsequenzen nach sich ziehen. Tiere haben folglich das Recht auf Leben, auf Unversehrtheit und Freiheit – einfach um ihrer selbst willen. Die Folgen wären dramatisch, denn Tiere sind eben nicht mehr als gleichartige Exemplare innerhalb einer Spezies betrachten. Somit ist die heute gängige Praxis des Artenschutzes auch nicht genügend, eine hinreichende Anzahl von Tieren einer Population oder Spezies zu schützen. Nein! Es geht um jedes einzelne Tier, mitsamt seinem Erfahrungsschatz, seinen Eigenheiten, seinem Wissen, und seiner Bedeutung für die soziale Gemeinschaft, in der es lebt.

Ich vermute, dass das Selbstbewusstsein von Cetaceen eher einem Wir- als einem Ich-Gefühl gleichkommt. Sie sind in ihrer sozialen Gruppe aufgehoben und auf den sozialen Zusammenhalt angewiesen. Das zeigt sich in synchronen Bewegungen und engen Bindungen innerhalb der Schulen. Auch die Kommunikation über Schall dient dazu, ein »Gruppenerleben« zu fördern. Möglicherweise denken die Individuen einer Walfamilie gar nicht in der Kategorie »Ich«. Ihr Ich mag so sehr im Wir aufgehoben sein, dass sie selbst in größter Not oft nicht »ihre eigene Haut« retten, sondern Artgenossen bis in den Tod beistehen. Viele Menschen halten das für »dumm«, aber ich glaube das sagt in erster Linie etwas über unsere Begrenztheit aus.

Viele neue Erkenntnisse aus der modernen Hirn-, Wal- und Delfinforschung führen zu aufregenden neuen Fragen und der Notwendigkeit, ganz anders über die Tierwelt nachzudenken. Was werden die Konsequenzen für den Umgang mit unseren Mitgeschöpfen sein? Wir müssen das Feld inzwischen noch weiter fassen: Die moderne Verhaltensforschung hat Kriterien für individuelle Persönlichkeitsmerkmale inzwischen nicht mehr nur bei sozial hoch organisierten Säugetieren wie Delfinen, Walen, Elefanten oder Primaten entdeckt. Auch bei Vögeln, Fischen, Reptilien, Oktopussen, ja sogar bei Insekten können wir mittlerweile sicher sein, dass sie nicht alle »gleich ticken«. Persönlichkeit und Bewusstsein scheinen weit verbreitete, evolutionär wirksame Phänomene zu sein. Ich lade Sie ein, Ihrem Denken neue Umlaufbahnen zu erlauben – und wünsche ihnen die Klarheit, daraus die persönlichen Konsequenzen im täglichen Verhalten gegenüber Tieren zu ziehen. Lassen wir uns alle überraschen, was das Leben uns noch offenbaren will - in all seinen wunderbaren Formen!

Gewöhnlicher Delfin *(Delphinus delphis)*

Der Gewöhnliche Delfin wurde als erste Cetaceenart bereits von Aristoteles beschrieben. Von ihm stammt ihr wissenschaftlicher Name »Delphinus delphis«. Er ist vor La Gomera nicht so häufig wie die anderen Delfinarten. Das liegt daran, dass er nur saisonal auftritt, am häufigsten von Februar bis Mai. Dann sind oft große Schulen mit mehreren Hundert Tieren zu sehen. Im Gegensatz dazu findet man ihn den ganzen Sommer und im Herbst praktisch gar nicht vor der Insel.

Gewöhnliche Delfine sind nicht so verspielt wie die Zügeldelfine, haben aber ebenfalls eher wenig Scheu vor Booten. Sie bewegen sich sehr geschmeidig durch die Wellen und fallen sofort durch ihre ganz und gar nicht gewöhnliche Färbung auf, die ein besonderes Muster auf ihre Flanken zeichnet. Gewöhnliche Delfine kommen manchmal ziemlich nah an die Küste. Sie schwimmen in Gruppen von 10-35 Tieren, es wurden aber auch schon sehr viel größere Schulen beobachtet. In seltenen Fällen sehen wir sie zusammen mit anderen Arten, z.B. Zügel- oder Blau-Weißen Delfinen. Bei manchen dieser Gelegenheiten jagen sie sich spielerisch gegenseitig oder reiten synchron in der Bugwelle des Bootes.

Wir konnten ihr Jagdverhalten bereits aus nächster Nähe beobachten. Sie kreisen Fischschwärme ein und treiben sie gegen die Meeresoberfläche. Dabei gehen sie äußerst kooperativ vor. Gemeinsam sorgen sie dafür, dass ihre Beute sich nicht zerstreut und sich der Jagderfolg durch die Zusammenarbeit erhöht.

Der Gewöhnliche Delfin gehört zu den schönsten Delfinen überhaupt. Seine gelbliche Färbung und die Streifen auf der Flanke machen ihn praktisch unverwechselbar
Sie sind schnelle und elegante Schwimmer, die gerne mit dem ganzen Körper aus dem Wasser schnellen (rechts)

Bei Gewöhnlichen Delfinen sind die Bindungen zwischen den Individuen sehr stark (S. 63, gegenüber links & unten rechts)

Kurz bevor Delfine beim Auftauchen die Wasseroberfläche durchbrechen, beginnen sie mit dem Ausatmen
Hier ist außerdem die helle Färbung der Oberseite der Flipper zu erkennen, die für bestimmte Populationen des Gewöhnlichen Delfins charakteristisch ist

Auch die Finne weist bei den Gewöhnlichen Delfinen der Kanaren oft helle Partien auf (rechts)

Blau-weisser Delfin *(Stenella coeruleoalba)*

Flinke Sprinter

Blau-weiße Delfine sind das ganze Jahr auf den Kanarischen Inseln anzutreffen, jedoch nicht so häufig wie andere Delfinarten. Sie halten sich meist entfernt der Küste auf, daher erreichen wir mit den kleinen Booten ihren Lebensraum eher selten. Außerdem sind sie recht scheu und schwimmen sehr schnell, was ihre Beobachtung erschwert. Dabei springen sie wiederholt vollständig und gruppenweise aus dem Wasser, zeigen aber gleichzeitig viele abrupte Richtungswechsel.

Oft scheinen sie den Booten bewusst aus dem Wege zu schwimmen. Interessanterweise zeigen sie in anderen Regionen – etwa im Mittelmeer – ein grundsätzlich anderes Verhalten. Dort sind sie Schiffen mehr zugetan und begleiten diese oft für lange Zeit.

Vermutlich ernähren sich Blau-Weiße Delfine von Fischen und Kalmaren, die sie in größeren Tiefen ertauchen. Man hat beobachtet, dass sie bevorzugt nachts jagen. Daher müssen sie sich tagsüber ausruhen. Vielleicht stammt ihre vermeintliche Scheu von diesem Tages- und Nachtrhythmus. Aber auch Blau-Weiße Delfine springen manchmal über ihren Schatten und zeigen sich dann sehr verspielt, mitunter auch in gemischten Schulen mit anderen Arten.

Die Zusammensetzung der Gemeinschaften Blau-Weißer Delfine variiert stärker als bei anderen Spezies. Wir haben schon Schulen beobachtet, die fast ausschließlich aus Jungtieren und ihren Müttern bestanden. Diese scheinen sich von anderen Alters- bzw. Geschlechtsklassen abzusondern. Handelt es sich hierbei vielleicht um so etwas wie »Kindergärten«?

Mal ziehen sie gemächlich dahin, dann wieder sprinten Blau-weiße Delfine flux los (S. 68 & 69)

Die flammenartige Zeichnung auf ihren Flanken macht diese Tiere zu einer der schönsten Delfinarten (S.68 gegenüber Mitte und links & unten)

Ein Baby-Delfin übt sich fleißig im Springen (gegenüber rechts)

Die Schnabelwale *(Mesoplodon sp.)*

Scheue Exoten

Die Familie der Schnabelwale gehört zu den am wenigsten erforschten Cetaceen. Obwohl es sich um teilweise 10 Meter lange Tiere handelt, wurde zum Beispiel erst 1997 eine bis dahin unbekannte Art beschrieben. 2016 wurden auf der Basis neuester Erkenntnisse die zwei Formen des Arnoux-Schnabelwals zu eigenen Arten erklärt. Vor La Gomera wurden bisher fünf Schnabelwalarten bestimmt: Der Blainville-Schnabelwal, der Cuvier-Schnabelwal, der Gervais-Schnabelwal, der True-Schnabelwal und der Nördliche Entenwal. Alle sind im Archipel relativ selten, jedes Jahr gibt es nur eine Hand voll Sichtungen, wobei Blainville- und Cuvier-Schnabelwale am häufigsten auftreten.

Dass sie so unbekannt sind, liegt an ihrer großen Scheu. Nur selten bekommt man sie aus der Nähe zu Gesicht, denn meist tauchen sie schon ab, bevor man wenige Hundert Meter an sie herankommt. Da sie tief und lange tauchen, ist die Chance auf ein Wiedersehen gering. Oft kann nicht einmal die Art eindeutig bestimmt werden. Wie immer gibt es aber auch hier die berühmten Ausnahmen von der Regel. Zu seltenen Gelegenheiten konnten wir erleben, wie Schnabelwale die Beobachtung durch Whale Watcher tolerierten oder sich gar näherten. Diese Begegnungen sind atemberaubend spannend und gleichzeitig von hohem wissenschaftlichen Wert, da sie seltene Beobachtungen ermöglichen. Selbst über anatomische Einzelheiten konnten wir auf diese Weise Neues erfahren.

Die Unterwasseraufnahmen der Blainville-Schnabelwale auf diesen Seiten gehören zu den ganz wenigen Fotos, die von diesen Tieren in ihrem angestammten Element je gemacht wurden. Sie gewähren einen Einblick in die so fremde Welt dieser scheuen Cetaceen.

Cuvier-Schnabelwale (gegenüber) scheuen Boote und kommen, wenn überhaupt, nur sehr kurz nahe

Blainville-Schnabelwale (diese Seite) haben hingegen schon bewiesen, dass sie durchaus neugierig sein können

Ausgewachsene männliche Schnabelwale sind oft stark vernarbt (oben und S. 77). Die Narben stammen vermutlich von inner-artlichen Kämpfen

Dies ist vermutlich das einzige existierende Foto von säugenden Schnabelwalen unter Wasser (links). Die Gruppe, die wir hier beobachteten (oben und S. 72 & 73) bestand aus neun Tieren, was verhältnismäßig viel ist. Ob sie uns deswegen so viel Vertrauen entgegenbrachten?

Magische Momente: Das Privatleben der Zweizahnwale

In den Anfängen unserer Forschungstätigkeiten passierten einige Dinge, die aus heutiger Sicht höchst merkwürdig und außergewöhnlich anmuten. Ob es an unserer damaligen Unvoreingenommenheit lag, dass wir Erlebnisse hatten, die sich seitdem nicht wiederholt haben? Jedenfalls kam es im November 1995 zu einer denkwürdigen Begegnung mit einer Schule von neun Blainville-Schnabelwalen, die bis heute unübertroffen geblieben ist. Neun Tiere in derselben Gruppe, das war bereits ungewöhnlich, denn üblicherweise schwimmen nur etwa zwei bis maximal fünf Tiere zusammen. Vielleicht waren die Wale genau deswegen so selbstbewusst, denn sie zeigten keine besondere Scheu vor uns. Ganz im Gegenteil verhielten sie sich im Laufe der Begegnung immer neugieriger. Neben einem ausgewachsenen Männchen beobachteten wir auch zwei Weibchen mit ihren Kälbern. Wir verhielten uns so vorsichtig wie möglich, und wurden damit belohnt, dass sich die Tiere schließlich unvoreingenommen den Booten näherten, teilweise sogar zwischen ihnen hindurchschwammen. Da zu jener Zeit das Schwimmen mit Walen noch nicht verboten war, wagten wir einen Versuch.

Kaum ins Wasser geglitten, sah ich das Männchen langsam auf mich zukommen, und nicht weit entfernt folgten weitere Tiere. Mit meiner in einem Unterwasserbeutel verpackten Spiegelreflexkamera machte ich einige Bilder, als sie an mir vorbeizogen. Dann setzte ich mich selber in Bewegung und versuchte, ihnen zu folgen. Wie erstaunt war ich, als mir dies gelang! Da sich menschliche Schwimmer im Vergleich zu Cetaceen extrem langsam voran bewegen, musste das bedeuten, dass nicht ich bei den Tieren, sondern die Tiere bei mir blieben. Jetzt konnte ich auch die beiden Kälber sehen, die direkt unter ihren Müttern schwammen. Doch der Höhepunkt sollte noch folgen: Als eines der Kälber sich unter seiner Mutter plötzlich auf den Rücken drehte, wurde ich Zeuge eines Verhaltens, welches man bei wildlebenden Cetaceen nur selten direkt beobachten kann. Dieses Kalb wurde vor meinen Augen gesäugt! Durch meine Aufregung konnte ich die Kamera kaum ruhig halten.

Nachdem der komplette Film verschossen war (das Zeitalter der digitalen Fotografie war noch nicht angebrochen) und ich mich gerade fragte, wie weit ich mich wohl vom Boot fortbewegt hatte, tauchte vor mir eines der Boote auf. Wie war das möglich? Die Wale mussten mit mir einen großen Kreis geschwommen sein. Nicht nur hatten sie mir durch ihr Verhalten den größtmöglichen Vertrauensbeweis entgegengebracht, sie geleiteten mich sogar auf diese Weise wieder sicher zu unserem Boot. In diesen ergreifenden Momenten gelangen die vermutlich einzigen existierenden Fotos von säugenden Schnabelwalen unter Wasser.

Die Grosswale

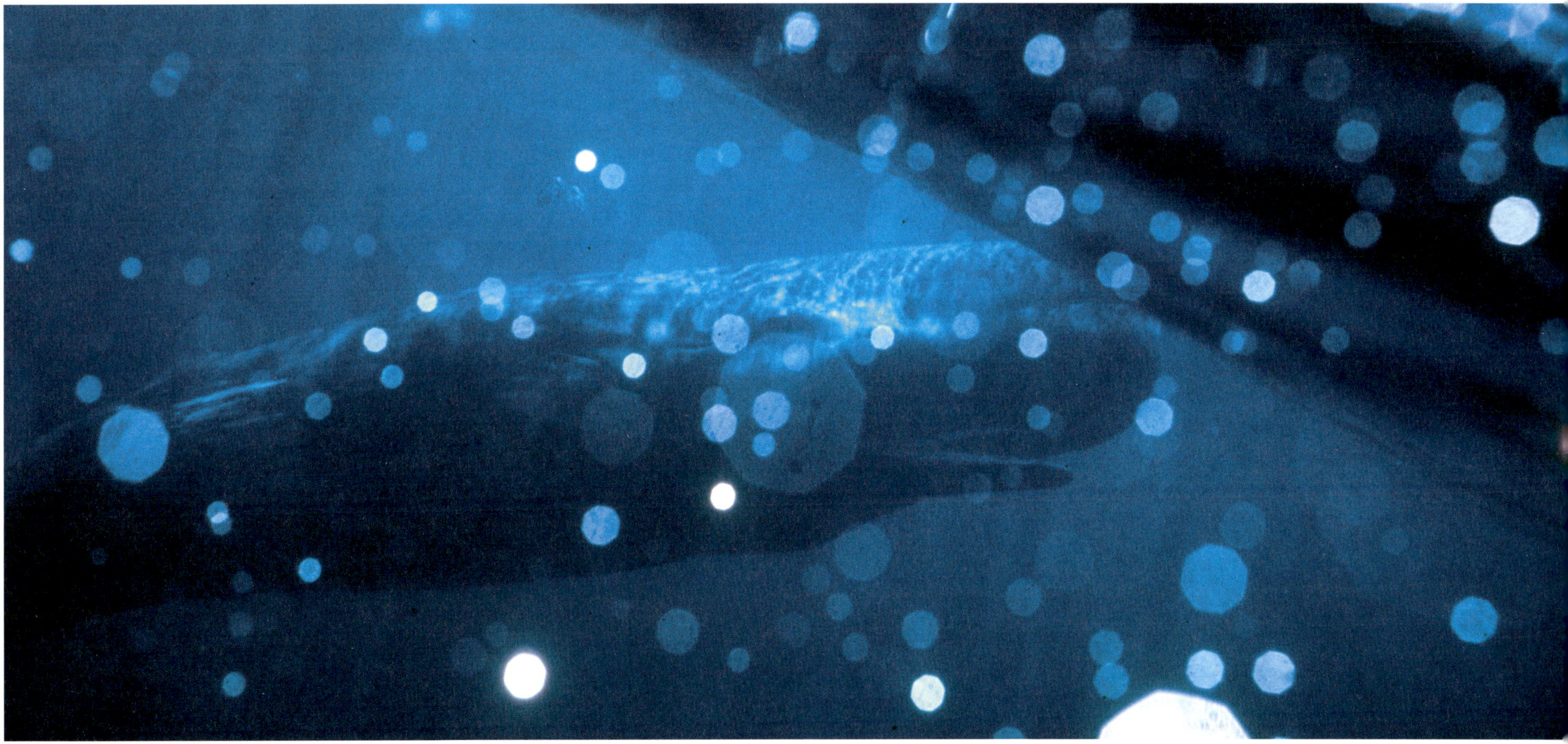

Seltene Giganten

Großwale wie Pottwale, Finn- und Brydewale oder ganz vereinzelt Blauwale, sind eine Seltenheit in den Gewässern der Kanarischen Inseln. Zwar werden diese imposanten Tiere auch immer wieder vor La Gomera gesichtet, dennoch sind sie sowohl zahlenmäßig als auch im Jahresverlauf nicht so präsent wie Delfine oder Grindwale.

Pottwale sind die größten Zahnwale. Mit einer Länge zwischen 14 m (Weibchen) und 20 m (Männchen) gehören sie zu den Riesen der See. Sie bewohnen Gewässer fernab der Küste mit Tiefen von mehreren Tausend Metern. Auf den Kanaren trifft man meistens die kleineren weiblichen Tiere mit ihren Jungen. Die Pottwale gehören zu den absoluten Highlights für jeden Walbeobachter. Man kann sie bereits von Weitem an ihrem schrägen Blas erkennen, der in einem Winkel von ca. 45 Grad nach vorne geneigt austritt und damit ein unverwechselbares Erkennungsmerkmal ist.

Während viele Zahnwale vor La Gomera zu Hause sind, kommen Bartenwale nur als Gäste in diese Gewässer. Auf dem Weg von ihren Nahrungsgründen im hohen Norden zu den Fortpflanzungsgebieten in der Nähe des Äquators passieren sie die Kanarischen Inseln vornehmlich im Frühjahr und im Herbst. Bisher konnten vor La Gomera Finn-, Sei-, Bryde-, Buckel, Mink- und Glattwale dokumentiert werden. Einige Male wurden sogar Blauwale gesehen, die größten Tiere die je auf unserer Erde gelebt haben!

In unregelmäßigen Abständen gibt es Jahre, in denen sich Gruppen von Bryde- oder Seiwalen über Monate vor La Gomera (und um die anderen Kanaren) aufhalten. Offenbar nutzen sie das erhöhte Nahrungsvorkommen, um sich zusammen mit anderen Meeresbewohnern – und den Fischern! – über die Beute herzumachen. Diese »Sommer der Großwale« scheinen seit dem Jahrtausendwechsel zuzunehmen, die Gründe dafür bleiben bisher aber unbekannt.

Pottwale (diese Seite, gegenüber links & S. 79) sind Meister der Tiefsee. Stets trifft man sie fernab der Küste, wo sie auf der Jagd mehrere Tausend Meter tief und über anderthalb Stunden lang tauchen können. Ihr Blas ist schräg nach vorne geneigt, was sie von anderen Großwalen unterscheidet (oben rechts)

Großwale wie Sei- oder Brydewale schwimmen nicht immer weit entfernt vor der Küste La Gomeras (S. 78 und gegenüber Mitte & rechts)

Magische Momente: »Blauwal in Sicht!«

Manchmal braucht man einfach das Glück des Tüchtigen oder die richtige Intuition. So kam es am 11. April 2005, dass wir bei einer Vormittagstour zunächst eine Schule Großer Tümmler trafen. Wie diese Delfine aber manchmal so sind, war an jenem Tag nichts Richtiges mit ihnen anzufangen. Nach einer Weile entschieden wir uns, nach anderen Walen Ausschau zu halten. Aus irgendeinem Gefühl entschied sich unser Skipper für einen westlichen Kurs. Eine Entscheidung, die sich als goldrichtig herausstellen sollte ...

Nicht viel später tauchte schräg voraus an Backbord unvermittelt ein Großwal nicht weit vor dem Boot auf. Sein Blas war nicht zu übersehen, und da das Tier einen Kurs quer zu unserer Fahrtrichtung schwamm, stellten wir sofort den Motor ab. Direkt vor uns konnten wir nun den Wal beobachten, wie er knapp unter der Oberfläche dahinzog. Gleich würde er wieder auftauchen, einen Moment noch... Jetzt! Eine enorme Fontäne wurde gen Himmel geblasen, die Kameras klickten. Beim Blick durch den Sucher fiel mir die gescheckte und für Großwale ungewöhnlich helle Färbung auf. »Das ist ein Blauwal!« schrie ich, um meinem großen Erstaunen Luft zu machen. Eine kleine Ewigkeit lang tauchte der lange Rücken des Wales auf und wieder ab.

Fassungslos schauten wir uns gegenseitig an. Konnte das wirklich sein? Großwale sind vor La Gomera im Frühjahr nichts Ungewöhnliches, aber ein Blauwal? Die Zahl der im Nordwestatlantik lebenden Blauwale wird auf wenige Hundert geschätzt. Das macht deutlich, wie gering die Wahrscheinlichkeit ist, einem davon vor La Gomera zu begegnen. Doch so viel Zeit zum Nachdenken blieb gar nicht, denn der Wal zog zügig weiter. Also Motor wieder an und hinterher! Nach einer Weile waren wir dann sicher: Diese Färbung und einen solch hohen Blas findet man nur beim größten Tier der Erde. Der Wal schwamm kontinuierlich mit einer für Blauwale normalen »Reisegeschwindigkeit« von etwa 5 Knoten in Richtung Norden und bewegte sich schließlich aus dem Windschatten der Insel heraus. Wir konnten ihm nicht länger folgen, da Wind und Wellengang zu stark wurden.

Während der Rückfahrt konnten wir es immer noch nicht glauben. Wir hatten die dritte Blauwalsichtung vor La Gomera innerhalb von zehn Jahren geschenkt bekommen! Allein diese Tatsache wird den Augenzeugen der Begegnung für alle Zeiten in Erinnerung bleiben. Auch wissenschaftlich sind solche Sichtungen von großem Interesse. So wenig ist über die Blauwale aus diesem Teil der Weltmeere bekannt, dass jede noch so kleine Erkenntnis ein wichtiges Teil im Puzzlespiel der Erforschung dieser Giganten ist.

Gelegentlich trifft man Großwale zusammen mit ihren kleinen Verwandten, den Delfinen, an. Hier vergnügt sich ein Zügeldelfin mit einem Brydewal. Wir haben auch schon beobachten können, wie Delfine in der Bugwelle der Wale ritten. Warum auch nicht, wenn gerade kein Boot zugegen ist?

In bestimmten Jahren tauchen auf den Kanarischen Inseln regelmäßig Bryde- und/oder Seiwale auf. Das reiche Nahrungsvorkommen – vor allem Schwarmfische wie Sardinen und Makrelen – ist der wahrscheinliche Grund dafür, dass diese Wale den Archipel als vorübergehenden Standort wählen (oben links und rechts)

Der im April 2005 gesichtete Blauwal passte wegen seiner Größe nicht auf ein einziges Foto. Diese Fotomontage ist aus den Bildern einer Auftauchsequenz zusammengesetzt (unten)

Exkurs II: Kultur bei Walen und Delfinen?

Menschen halten sich als Spezies oft für einmalig – die Krone der Schöpfung. Diese Annahme hält sich insbesondere im Hinblick auf unser vermeintlich größtes Gehirn, unsere Sprache, unsere Intelligenz, unser Selbstbewusstsein und vor allem wegen unserer kulturellen Leistungen. Aber sind wir wirklich so einzigartig?

Tatsache ist: Wir haben weder das größte Gehirn, noch sind wir die einzigen Lebewesen mit Sprachverständnis, geschweige denn die einzigen mit ausgeprägter Intelligenz oder Selbstreflektion. Wenn wir nun »Kultur« als die Weitergabe von gruppenspezifischem Wissen über viele Generationen hinweg definieren (was eine großzügige, aber sinnvolle Vereinfachung darstellt), können wir uns aufmachen, nach Kultur bei anderen Arten zu suchen.

Welches sind die Voraussetzungen für Kultur? Es gehören dazu: eine lange Lebensspanne, ausgeprägte Phasen des Lernens, stabile soziale Gruppen, komplexe Kommunikation, die Weitergabe von Wissen und kulturellen Leistungen wie Werkzeuggebrauch und Sprache. All dies finden wir in unterschiedlicher Ausprägung bei vielen Cetaceen. Wale und Delfine kommunizieren intensiv miteinander – vorwiegend über Schall. Junge Tiere lernen einen Großteil ihres Verhaltens von den älteren. Unterschiedliche Populationen bestimmter Zahnwalarten (z.B. Große Tümmler oder Orcas) besiedeln unterschiedliche Lebensräume und zeigen entsprechend angepasste Beutespektren, Jagdmethoden oder auch soziale Verhaltensweisen. Sie bilden gruppenspezifische Kommunikationsweisen heraus und »sprechen« unterschiedliche Dialekte. Die Buckelwale einer Population singen in einem Jahr immer alle ein identisches Lied. Dieses unterscheidet sich von den Liedern aller anderen Populationen. Ihre Gesänge verändern sich jedoch von einem Jahr zum nächsten. Erstaunlicherweise lernen alle Wale die Veränderungen gleichermaßen und im kommenden Jahr werden alle wieder ihr spezifisches Lied anstimmen. Wenngleich wir nicht genau wissen, wie sie voneinander lernen und wer im buchstäblichen Sinne den Ton angibt, handelt es sich hier zweifelsfrei um gruppenspezifisches Wissen, das kontinuierlich weitergegeben wird.

Bei Grindwalen und Orcas wird die Sache noch interessanter. Diese Tiere leben in echten Familiengruppen, die zeitlebens beieinander bleiben. Diese Schulen werden von älteren Großmüttern angeführt (matrilineares Sozialsystem). Ganz offensichtlich besitzen die alten Leittiere das beste Wissen um Wanderwege, Nahrungsgründe und Jagdstrategien. Ähnlich wie bei Elefanten oder Pottwalen sind die ältesten Weibchen echte Anführerinnen ihrer Familienverbände. Ihre Erfahrung trägt wesentlich dazu bei, wie die Gemeinschaft in welcher Weise agiert und dass sie erfolgreich überlebt. Bei Grindwalen und Orcas kommen Dialekte und Kommunikationslaute hinzu, an denen nicht nur bestimmte Familiengruppen, sondern auch bestimmte Individuen erkannt werden. Daher identifizieren geübte Forscher einzelne Wale quasi direkt an ihrer Stimme.

Wal- und Delfingemeinschaften sind für mich »indigene Völker der Meere«, ähnlich der menschlichen Gemeinschaften fernab der Zivilisation, z.B. im brasilianischen Regenwald. Egal ob Mensch oder Tier – wenn wir ihren Lebensraum zerstören, zerstören wir auch ihr Sozialgefüge und ihre Identität.

Wenn wir es bei Cetaceen tatsächlich mit Völkern zu tun haben, die kulturelle Eigenheiten entwickelt haben und eine Gruppenidentität besitzen, ergeben sich für uns Menschen neue ethische Herausforderungen und eine neue Verantwortung. Dann müssen diese Gemeinschaften erst recht um ihrer selbst willen ¬ und zu unserem eigenen Wohl – geschützt und geachtet werden

Seevögel & Meeresschildkröten

Nicht selten haben die Fischer La Gomeras und oft auch die Boote der Walbeobachter luftige Begleitung, z.B. Atlantische Heringsmöwen, die in größeren Kolonien an der Südküste der Insel brüten. Eine davon befindet sich ganz in der Nähe des Valle Gran Rey. Wenn die Vögel die Fischer auf deren Weg in den Hafen begleiten, sind sie auf über Bord gehende Abfälle aus – Möwen sind Opportunisten!

Ein anderer sehr häufiger Seevogel ist der Gelbschnabel-Sturmtaucher oder Pardela, wie er auf den Kanaren genannt wird. Er brütet von Februar bis Oktober unter anderem in Felshöhlen direkt oberhalb des Hafens von Vueltas. Sturmtaucher unterscheiden sich von Möwen vor allem durch ihre Flugweise. Sie segeln knapp über der Wasseroberfläche, dabei stets die Aufwinde zwischen den Wellen nutzend. Im Frühjahr veranstalten sie besonders am Abend über Land ein lautes Gezeter, das ziemlich eigentümlich anmutet. Der Ruf klingt in etwa wie eine jammernde Katze oder auch wie hämisches Gelächter, deshalb hat er schon so manchem Touristen ein Rätsel aufgegeben.

Ein weiterer Bewohner der steilen Küste ist der Fischadler. Man hat bis zu vier Brutpaare auf La Gomera gezählt. Hin und wieder kann man seine Horste auch während der Delfinfahrten sehen. Er jagt vornehmlich nahe der Küste, während man Küstenseeschwalben auch weiter draußen auf offener See begegnet.

Der Anblick von Meeresschildkröten kann Menschen fast so in freudige Aufregung versetzen wie die Anwesenheit von Delfinen. Meist ruhen sie an der Oberfläche. Sie sind recht scheu, aber es sind uns auch schon Exemplare begegnet, die sich neugierig näherten. Man sollte immer ganz genau hinschauen, denn manch eine Schildkröte muss aus einem Stück Netz oder Plastik befreit werden, in dem sie sich verfangen hat. Vor La Gomera trifft man meist die so genannte Unechte Karettschildkröte, die ebenso wie alle anderen Arten von Meeresschildkröten heute als stark bedroht gilt. Seltener sind die Grüne Meeresschildkröte und die Lederschildkröte. Beide werden nur sehr sporadisch in diesen Gewässern beobachtet.

Pardelas sind Meisterflieger: sie segeln große Strecken direkt über dem Wasser ohne einen Flügelschlag (S. 88 & gegenüber)

An der Südküste kann man mit etwas Glück auch die hier brütenden Fischadler sehen (oben) und vielleicht sogar ihren Horst entdecken

Dass die Flußseeschwalbe eine so bemerkenswerte Schönheit ist, sieht man nur aus nächster Nähe (rechts)

Bulwersturmvögel sind auf den Kanaren seltene Gäste (rechts Mitte)

Heringsmöwen sind oft in der Nähe von Fischerbooten oder Delfinen auf der Suche nach Fisch, hier war eine gerade erfolgreich (S. 92 rechts unten)

Seevögel und Delfine begegnen sich häufig vor La Gomera, und nicht selten interagieren sie miteinander (gegenüber links)

Die unechte Karettschildkröte sieht man am häufigsten in den Gewässern der Kanarischen Inseln (oben)
Dagegen ist die Grüne Meeresschildkröte (rechts unten) ein seltener Gast

Hier ruht sich eine junge Möwe auf einer dahintreibenden Meeresschildkröte aus (rechts oben)

Bedrohung und Schutz des Meeres

Die Kanarischen Inseln sind ein paradiesisch anmutendes Fleckchen Erde. Wer je auf den »Inseln des ewigen Frühlings« seinen Urlaub verbrachte, wird sie nicht wieder vergessen. Die atemberaubenden Landschaften, das gesunde Klima, Sonne und Meer satt – nicht umsonst zieht es jedes Jahr Millionen Urlauber hierher. Doch die Kehrseite dieser Entwicklung ist nicht mehr zu übersehen. Der massive Tourismus steht im zunehmenden Konflikt mit den Naturschönheiten der Inseln und die menschlichen Aktivitäten beeinträchtigen in immer stärkerer Weise das natürliche Gleichgewicht. Wale und Delfine bekommen dies hautnah zu spüren, im wahrsten Sinne des Wortes. Längst findet man Unmengen Plastiktüten und -flaschen, die es in jedem Supermarkt gibt, auch auf hoher See, längst ist auch um die Kanaren das Meer verschmutzt, sind die Küsten vielerorts verbaut.

Wale und Delfine erleiden heute die Folgen unserer menschlichen Gedankenlosigkeit in globalem Ausmaß. Die Ozeane sind stark überfischt und verdreckt. Küsten werden zur Besiedlung oder für den Tourismus bebaut. Natürliche Lebensräume werden beeinträchtigt oder zerstört. Immer mehr Schiffe bringen Lärm und die Gefahr von Kollisionen in sonst ruhige Gewässer. Und immer noch werden in zahlreichen Ländern Wale und Delfine zudem direkt bejagt, sei es für Delfinarien, um vermeintliche »Nahrungskonkurrenten« loszuwerden oder gar zum direkten Verzehr! Versauerung der Meere, Klimawandel, Schiffsverkehr, all das setzt dem größten Lebensraum unseres Planeten zusätzlich zu. Und nun kommt auch noch der Walbeobachtungstourismus! Er hat global immense Ausmaße angenommen und stellenweise massiv das Leben von Wal- bzw. Delfinpopulationen beeinträchtigt.

Bis auf die direkte Bejagung begegnen uns alle der genannten Probleme auch auf den Kanarischen Inseln. Auf dieser Hochburg des Tourismus wirken vor allem die Menschenmassen auf die Meereswelt ein, sei es durch übermäßigen Wasserverbrauch, große Mengen Müll oder – und dies ist ein besonders stark auf den Kanaren ausgeprägtes Problem – Kollisionen zwischen Schnellfähren und Walen. Obwohl La Gomera bisher vom Schlimmsten verschont geblieben ist, zeichnet sich immer deutlicher eine ähnliche Entwicklung wie auf den anderen Inseln des Archipels (und an unzähligen anderen Orten der Welt) ab.

In dieser Situation tut man gut daran, sich Gedanken über die Zukunft der Meere zu machen. Der von mir 1998 mitgegründete gemeinnüt-

zige Verein M.E.E.R. hat sich daher nicht nur der Erforschung, sondern gerade auch dem Schutz der Wale und Delfine im kanarischen Archipel verschrieben. Durch die mit der wissenschaftlichen Erforschung der Tiere kombinierte Bildungs- und Öffentlichkeitsarbeit soll gewährleistet werden, dass Touristen und Einheimische auch auf lange Sicht vom großen Reichtum im Meer »vor ihrer Haustür« profitieren. Durch die Zusammenarbeit mit den Whale Watching-Anbietern Club de Mar (bis 2007) und OCEANO Gomera (ab 2008) wurden seit 1995 alle Wal- und Delfinsichtungen aufgezeichnet und in einer Datenbank angelegt, die heute mit vielen Tausend Einträgen eine der größten Sichtungs-Datenbanken der Welt ist.

Die gewonnenen Erkenntnisse über Vorkommen, Verbreitung und Verhalten der Cetaceen werden dafür eingesetzt, die bestehenden Whale Watching-Regulationen weiter zu entwickeln sowie Schutzkonzepte zu erarbeiten. 2003 und 2012 wurden zum Beispiel ausführliche Forschungsberichte vorgelegt, welche die bis dahin gesammelten Daten zusammenfassten. Der Bericht von 2012 beinhaltet auch ein Modell für ein Schutzgebiet vor La Gomera, das speziell für die nachhaltige Entwicklung des sanften Whale Watching konzipiert ist. So wird Wissenschaft nicht nur erlebbar, sondern auch zum Werkzeug für verbesserten Meeresschutz – was mir persönlich stark am Herzen liegt. Wissen schaffen durch Wissenschaft!

Mit seinen Aktivitäten wirbt der Verein M.E.E.R. für die intelligente Integration von Ökologie und Ökonomie, indem er unter anderem aufzeigt, dass sich Tourismusentwicklung und der Schutz der Meereswelt nicht grundsätzlich widersprechen, sondern einander sogar unterstützen können. So ist es auf La Gomera langfristig möglich, Walbeobachtungstourismus als Einnahmequelle zu erweitern und damit die Wirtschaft anzukurbeln. Einige der vorgeschlagenen Maßnahmen sind: Eine Obergrenze für die Zahl der Whale Watching-Boote und -Anbieter, die Regulierung aller menschlichen Aktivitäten zur See, die Erteilung von Fischereirechten exklusiv für lokale Fischer, die Förderung der Forschungen und die Gründung eines Förderfonds für die Überwachung und Durchsetzung der Maßnahmen. Grundsätzlich sollte beim Management ein ökosystemarer Ansatz verfolgt werden und das Vorsorgeprinzip zum Tragen kommen.

Im praktischen Sinne heißt das, sanften Walbeobachtungstourismus in enger Kooperation mit Tourenanbietern so zu gestalten, dass er langfristig sowohl den Menschen als auch den Meeren dient. Denn wenn man die beiden goldenen Regeln der Walbeobachtung beherzigt, ergibt sich vieles wie von selbst. Das Projekt *MEER La Gomera* wurde bereits 2001 mit dem internationalen Umweltpreis »Umwelt & Tourismus« ausgezeichnet und die Kooperation auf La Gomera gilt inzwischen international als best practice-Beispiel für sanftes Whale Watching. 2008 wurde die mehrsprachige Dauerausstellung »Delfine und Wale vor La Gomera: Artenvielfalt im Wandel« in Vueltas (Valle Gran Rey) eröffnet. Sie ist bis heute die einzige Einrichtung ihrer Art auf den Kanaren. Über vielerlei Veranstaltungen sowie Praktikumskurse vermittelt M.E.E.R. zudem Umweltwissen an die breite Öffentlichkeit.

DIE GOLDENEN REGELN FÜR DIE BEOBACHTUNG VON WALEN UND DELFINEN:

1. *Wir sind die Gäste auf dem Meer und verhalten uns entsprechend*
2. *Die Tiere bestimmen die Intensität des Kontaktes*

Eine der wichtigsten Botschaften lautet dabei: Auch jeder Einzelne kann etwas zum Schutz der Wale und Delfine beitragen! Angefangen z.B. damit, im Urlaub achtsam mit dem Lebenselement Wasser umzugehen. Beim Einkaufen kann auf Verpackungsmüll verzichtet und generell sollten umweltfreundliche Produkte bevorzugt werden. Ob Fischkonsum, Auswahl des Verkehrsmittels oder eigenes Engagement: Es gibt Tausend Wege, aktiv zu werden. Dazu gehört auch die bewusste (und aufgeklärte) Entscheidung bei der Auswahl einer Meeresexkursion. Steigen Sie nicht bei »irgendwem« an Bord, sondern informieren Sie sich vorher über den Ablauf und den Charakter der Tour. Verinnerlichen Sie die Kriterien für sanftes Whale Watching (wie sie z.B. unter www.M-E-E-R.de zu finden sind) und wählen Sie denjenigen Anbieter, der diese Kriterien nachweislich berücksichtigt. Vergessen Sie nicht, auf dem Meer sind wir die Gäste! So leisten Sie Ihren persönlichen Beitrag dazu, dass die einzigartige Vielfalt im Meer vor La Gomera erhalten bleibt!

Die dreisprachige Dauerausstellung über Delfine und Wale in Vueltas/Valle Gran Rey ist die einzige ihrer Art auf den Kanaren

Delfine mit Bewusstsein, Wale mit Kultur... Cetaceen stellen zweifelsfrei die am komplexesten entwickelte Lebensform in den Ozeanen dar. Die meisten von ihnen stehen an der Spitze der Nahrungsnetze und üben dort eine wichtige regulatorische Funktion aus. Zahnwale sind Top-Predatoren (Beutegreifer am oberen Ende der Kette vom »Fressen und Gefressen werden«) und halten andere Arten in Schach, indem sie diese jagen. Dadurch bleibt das wichtige Gleichgewicht des Ökosystems Meer dauerhaft stabil. Wale tragen noch auf ganz andere Art und Weise zur Ökologie der Meere bei. Neuere Forschungen legen nahe, dass sie durch ihre Ausscheidungen kräftig die Meere düngen. Wal-Fäkalien fördern das Planktonwachstum, indem sie wichtige Nährstoffe zur Verfügung stellen, wodurch andere Organismen gedeihen oder mehr Nahrung bekommen. Besonders, weil Wale oft in großen Tiefen jagen, ihre Ausscheidungen aber an der Oberfläche abgeben, geschieht ein effektiver Stofftransport von unten nach oben. Der Düngeeffekt führt auch dazu, dass mehr CO_2 aus der Atmosphäre gebunden wird. Alle Wale der Welt leisten damit einen Beitrag zur Milderung des Treibhauseffektes.

Aber Wale binden durch ihre Größe auch viel CO_2 direkt in ihrer Körpermasse. Wenn sie sterben und auf den Meeresgrund sinken, wird dieses CO_2 dauerhaft der Atmosphäre entzogen – sozusagen als »CO_2-Endlager«, auch dies wirkt dem Klimawandel entgegen. Auf den Meeresgrund gesunkene Walkadaver werden zu regelrechten Mini-Tiefseeökosystemen: Sie bilden wichtige Nahrungsquellen für eine große Zahl von Lebewesen, die in der Tiefsee ausschließlich von »Herabgesunkenem« leben. Über Jahre und Jahrzehnte kann ein einziger Kadaver als Futterstelle und Lebensraum für Mikroorganismen, Krebstiere, Tiefseefische und viele andere dienen. Man hat an diesen whale falls genannten Überresten sogar eine Vielzahl von Arten entdeckt, die bisher nur hier gefunden wurden. Insofern könnte es sich um wichtige »Trittsteinhabitate« handeln, die bei der Ausbreitung von Arten in der Tiefsee eine Rolle spielen.

Und schließlich: Delfine und Wale bringen buchstäblich einiges in Bewegung. Mit ihrer Körpermasse und dem kraftvollen Schwimmstil durchmischen sie das Meerwasser. Tausende und Abertausende Cetaceen, die in die Tiefe ab- und von dort wieder auftauchen, können einen enormen Effekt haben. Jedes einzelne Tier durchbricht bei jedem Atemzug immer wieder die Wasseroberfläche zum Atmen. Das so durchmischte Wasser ist reich an Sauerstoff, verteilt Nährstoffe effektiver und erhöht so ebenfalls die Produktivität im Gesamtsystem. Delfine und Wale sind also wichtige Erhalter ihres eigenen Lebensraumes. Ihre regulatorischen und dynamisierenden Funktionen sind noch längst nicht ausreichend erforscht. Fest steht jedoch: Wale sind wichtige Funktionsträger im Ökosystem Meer. Sie halten diesen Lebensraum stabil, nicht zuletzt auch gegenüber den Eingriffen des Menschen. Insofern haben wir noch einen wichtigen Grund mehr, diese beeindruckenden Tiere zu schützen: Walschutz ist Meeresschutz. Und Meeresschutz dient dem Planeten und damit auch uns Menschen.

Der Autor

Fabian Ritter, Jahrgang 1967, Vater von zwei Söhnen, ist diplomierter Biologe und kennt La Gomera seit den 1990er Jahren. Seit 1997 leitet er Forschungsprojekte des von ihm mitgegründeten Vereins M.E.E.R.. Die wissenschaftlichen Erkenntnisse über die Wale und Delfine vor La Gomera basieren im Wesentlichen auf dem Engagement des preisgekrönten Forschungsprojektes *MEER La Gomera*, somit ist Ritter einer der besten Kenner der hier lebenden Wale und Delfine.

Er leitet seit vielen Jahren erfolgreich verhaltensbiologische Praktikumskurse auf La Gomera, hält regelmäßig Vorträge und begleitet Expeditionskreuzfahrten in zahlreiche Gegenden der Welt, u.a. auch immer wieder in die Arktis und Antarktis. Er ist Autor von vier Büchern sowie zahlreicher wissenschaftlicher Artikel.

Seit 2012 ist er wissenschaftlicher Berater und Kampagnenleiter bei der Organisation Whale and Dolphin Conservation (WDC), wo er sich insbesondere mit dem Thema Meeresschutzgebiete beschäftigt. Seit 2003 ist Ritter Mitglied im Wissenschaftsausschuss bei der Internationalen Walfang Kommission (IWC) und gilt als Experte für Whale Watching sowie für Wale & Delfine und deren Schutz. Seit Ende 2012 bekleidet er den Posten des Ship Strike Data Coordinators bei der IWC, wo er sich mit dem Datenmanagement zum Thema Schiffs-Wal-Kollisionen befasst und die entsprechende IWC Datenbank zur Erfassung solcher Kollisionen betreut.

Danksagung

Ich danke meiner Familie, die mir mein Leben lang Mut gemacht und mich stets in meinen Vorhaben (und manchmal verrückt anmutenden Plänen) unterstützt hat.

Die Arbeit, auf der dieses Buch basiert, wäre ohne den ehrenamtlichen Einsatz der aktiven Mitglieder des M.E.E.R. e.V. niemals möglich gewesen. Ihnen gebührt tiefer Dank, genauso wie den Skippern der OCEANO-Walbeobachtungsboote, die stets versuchen, die Tiere so wenig wie möglich zu stören.

Susanne Braack, Rolf Ahlers und alle Mitarbeiter von OCEANO Gomera sind seit vielen Jahren eine wichtige Grundfeste in Sachen sanftes Whale Watching auf La Gomera – ich bewundere ihren Einsatz.

Susanne Hagemeister (www.blaukontor.de) wirkte entscheidend bei der Umsetzung der grafischen Gestaltung, ohne sie würden Sie nicht ein so schön gestaltetes Buch in den Händen halten.

Anika Geißler, Katharina Henning und Pia Ditscher lasen und korrigierten alle Texte mit großer Sorgfalt.

Schließlich bedanke ich mich herzlich bei Lothar Koch für die große Unterstützung bei der finalen Umsetzung dieses Werkes.

Timah
TREKKING

Wale beobachten

Ein Leitfaden zum sanften Whale Watching in Europa und Übersee

Wal- und Delfinbeobachtung ist zu einem weltweiten Milliardengeschäft geworden. Als boomender Tourismuszweig, obwohl als wirtschaftliche Alternative zum Walfang gepriesen, droht er zunehmend selber zum Problem für die Meeressäuger zu werden. Dieser Leitfaden legt dem gewissenhaften Naturfreund die Mittel in die Hand, zwischen sanftem und unsanftem Whale Watching zu unterscheiden. Verhaltensbiologe Fabian Ritter beleuchtet, wann Walbeobachtungstouren die Tiere stören oder gar gefährden können – und was man als Tourist oder Bootsführer tun kann, um eine Störung zu vermeiden. Praktische Tipps helfen, eine Reise zu den Walen gründlich zu planen und vorzubereiten. Außerdem enthält das Buch eine detaillierte Beschreibung der 31 häufigsten Wal- und Delfinarten. Wertvoll ist auch die ausführliche Darstellung der besten Plätze zur Walbeobachtung in Europa und weltweit. Ein Muss für jeden Whale Watcher.

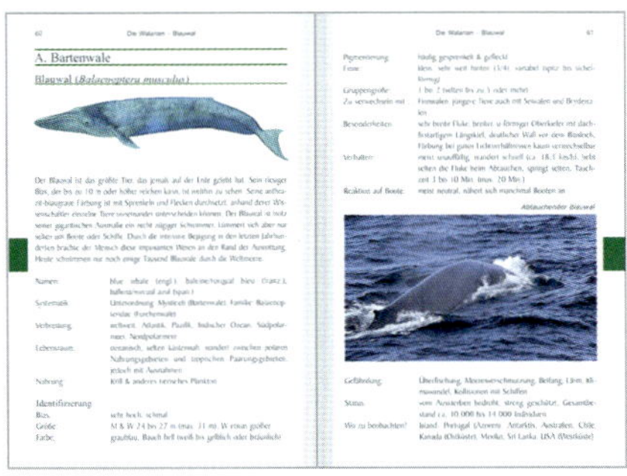

Conrad Stein Verlag
Basiswissen für Draußen, OutdoorHandbuch Band 25
Format 16,5 x 11,5 cm
3. Auflage 2017, ISBN 978-3-86686-531-1

€ 9,90

Wale erforschen

Ein Leitfaden zur Erforschung von Walen und Delfinen in ihrem natürlichen Lebensraum

Die Erforschung von Walen und Delfinen – die Cetologie – ist eine relativ junge Wissenschaft. Mit diesem praktischen Leitfaden wird zum ersten Mal in deutscher Sprache sowohl die Entwicklung und der Status Quo dieser Disziplin, als auch eine detaillierte Beschreibung der gängigsten cetologischen Methoden vorgelegt. Der Autor, selber Cetologe, macht anschaulich, dass jeder, der Wale und Delfine beobachtet, auch zur Erforschung der Meeressäuger beitragen kann. Von der Erhebung einfacher Daten über die „Erste Hilfe" für gestrandete Wale bis hin zur Planung eigener Forschungen wird der Leser an die verschiedenen Fragestellungen der Cetologie und deren Umsetzung herangeführt. Es entsteht ein spannendes Bild der praktischen Feldforschung.

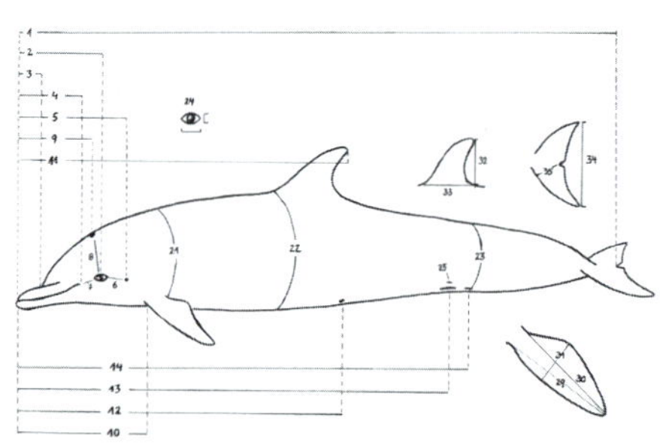

Conrad Stein Verlag
Basiswissen für Draußen, OutdoorHandbuch Band 210
Format 16,5 x 11,5 cm
ISBN 978-3-86686-210-4

€ 9,90